AF596745

LES

ENGRAIS DE LA VIGNE

CONFÉRENCE

FAITE

A la Société d'Agriculture de Vaucluse le 2 décembre 1884

PAR M. H. JOULIE

Recueillie par **M. RICARD**, Secrétaire de la Société

(Extrait du *Bulletin de la Société d'Agriculture et d'Horticulture de Vaucluse*, Janvier 1885)

PARIS
IMPRIMERIE ET LIBRAIRIE CENTRALES DES CHEMINS DE FER
IMPRIMERIE CHAIX
SOCIÉTÉ ANONYME AU CAPITAL DE SIX MILLIONS
Rue Bergère, 20
1885

TABLE DES MATIÈRES

LES ENGRAIS
DE LA VIGNE

Comme tous les autres végétaux, la vigne vit aux dépens des éléments de l'atmosphère et du sol.

Pour connaître ses exigences, il faut peser et analyser ses produits. Pour déterminer la part que prend l'atmosphère à son alimentation, il faut faire des expériences comparatives.

Ce dernier point n'ayant pas encore été suffisamment étudié, nous ne nous occuperons aujourd'hui que des exigences de la vigne, qui nous paraissent connues dès maintenant, avec une précision suffisante, pour qu'il soit possible d'en tirer des indications pratiques du plus haut intérêt.

Nous allons donc étudier :

1° Les proportions relatives des éléments essentiels qui entrent dans la composition de la vigne et sont indispensables à son développement, et leurs variations dans les différents cépages et dans les diverses parties d'un même pied, suivant l'époque où on les étudie ; soit, en d'autres termes, les caractères chimiques propres à la vigne et qui doivent déterminer le choix des engrais qui lui conviennent.

2° L'influence particulière de chaque élément sur la végétation et sur la fructification de la vigne ;

3° La nature et la composition des engrais à employer pour cette culture dans les différents sols ;

4° Enfin, les moyens pratiques de faire parvenir les engrais aux racines.

I

COMPOSITION ET BESOINS GÉNÉRAUX DE LA VIGNE.

Tous les végétaux connus sont formés qualitativement des mêmes éléments. Mais chaque végétal présente une composition quantitative qui lui est propre, c'est-à-dire que les éléments qui le composent doivent s'y trouver réunis dans des proportions caractéristiques, dont il ne peut s'écarter sans péricliter.

Il y a donc, pour chaque plante, une loi précise de composition qui sera un jour exprimée par des chiffres, comme la composition des espèces minérales.

Cependant l'analyse chimique d'une même plante donne fréquemment des résultats assez différents, ainsi que nous le constaterons bientôt pour la vigne.

Ces différences tiennent surtout à ce que les végétaux ont le pouvoir, dans certaines limites, de remplacer certaines bases les unes par les autres en proportions équivalentes (1). Elles tiennent aussi à ce que le végétal peut absorber, bien qu'elles ne lui soient pas nécessaires et alors même qu'elles peuvent lui nuire, certaines substances qui se rencontrent dans le sol et qui se retrouvent alors, accidentellement, dans ses tissus.

Pour arriver à connaître la composition type d'une plante, celle qui représente exactement ses exigences physiologiques, il faut, par conséquent, analyser les sujets les mieux développés qui puissent être obtenus et qui se rapprochent le plus de la perfection qu'elle peut atteindre. On élimine ainsi les influences accidentelles, qui ont toujours pour conséquence un abaissement de rendement.

La vigne présente, à cet égard, des difficultés toutes particulières.

Le rendement qu'elle donne ne dépend pas,

(1) On appelle quantités équivalentes de diverses bases les quantités respectives de ces bases qui saturent un même poids d'un acide déterminé, pour former avec lui des sels neutres.

exclusivement, des éléments qu'elle a pu absorber.

Il dépend aussi beaucoup de l'influence des saisons, qui favorisent plus ou moins sa fructification.

Un cep peut s'être développé normalement et ne produire que peu ou point de raisins, parce que la pluie, tombée sur la fleur, aura entravé la fécondation. Les matériaux absorbés et élaborés pour la formation du fruit restent alors emmagasinés dans les bois et dans les feuilles et sont plus ou moins utilisés l'année suivante.

La nature du sol et la spécialité du cépage exercent aussi leur influence sur la végétation de la vigne et sur ses exigences. Enfin, la vigne peut donner des résultats rémunérateurs avec des développements et des quantités de récolte fort variables.

Pour arriver à se faire une idée des besoins de la vigne, il faut donc étudier les différents cépages pris sur le même sol et sur des sols différents, examiner séparément les diverses parties de la vigne, racines, tronc, sarments, feuilles, fruits, et répéter les expériences à diverses époques, afin de se rendre compte des mouvements qui s'accomplissent au sein de l'arbuste aux diverses phases de sa végétation.

C'est ce que j'ai entrepris pour quelques cépages empruntés à diverses régions viticoles.

Ce sont : la Grosse-Carmenère et le Persaigne noir, provenant de la partie du Bordelais que l'on appelle l'entre deux mers; la Marsane, provenant de Valence (Drôme); le Sémillon et le Sauvignon, qui donnent le vin de Sauternes (Bordelais); le Montrachet, du vignoble de M. le baron Thénard (Bourgogne); le Jacquot et le Gonais blanc, des vignobles du centre, etc.

Malheureusement, ces recherches sont encore fort incomplètes et ne sont pas toujours comparables.

Je vais en détacher quelques parties qui vous montreront au moins la méthode qu'il convient d'adopter pour ces études difficiles et nous permettront d'appuyer les conclusions pratiques que j'aurai à vous présenter, sur un commencement de preuves un peu plus précises que les données recueillies jusqu'ici par les praticiens et reproduites dans les livres qui traitent de la culture de la vigne.

Nous laisserons de côté tout ce qui concerne les racines et le tronc des arbustes examinés, ces parties ne présentant pas un intérêt pratique aussi élevé que les sarments, les feuilles et les fruits, qui représentent la production annuelle de la vigne, celle qui prépare et produit la récolte. Les racines et le tronc ne sont que des instruments d'absorption, de passage, et des magasins pour les éléments absorbés, dont ils ne font eux-mêmes, pour leur accroissement, qu'une très faible consommation.

Je réunis dans le tableau suivant les résultats que j'ai obtenus par l'analyse de six des cépages que je viens de nommer, récoltés à l'époque de la floraison et pour la pousse de l'année, feuilles et sarments pris ensemble. Je mets en regard l'analyse des sols sur lesquels les ceps analysés ont été recueillis :

Composition de divers cépages par 1,000 kil. de matière sèche.

	Matière sèche produite par pied.	Acide phosphorique.	Potasse.	Chaux.	Magnésie.	Azote.
	gr.	kil.	kil.	kil.	kil.	kil.
Grosse-Carmenère..	652.00	4.55	17.28	17.58	6.09	14.22
Persaigne noir.....	548.00	4.56	6.92	23.95	7.74	16.20
Marsane..........	503.00	4.20	9.23	19.01	4.46	16.44
Sémillon..........	161.46	4.31	14.88	23.31	3.44	18.26
Sauvignon........	211.36	4.14	14.29	23.41	3.25	19.96
Montrachet........	38.21	10.88	12.75	21.02	4.48	16.36

Composition des terres correspondantes par 100 kil.

	Acide phosphorique.	Potasse.	Chaux.	Magnésie.	Azote.
	gr.	gr.	gr.	gr.	gr.
Grosse-Carmenère. / Persaigne noir....	83	512	787	1237	137
Marsane................	331	241	2926	442	157
Sémillon......... / Sauvignon........	24	221	21933	60	64
Montrachet	95	337	30816	629	87

Il résulte de ces chiffres que la vigne ne présente pas de très grands écarts de composition, malgré la diversité des cépages, des terrains et des climats.

Si cependant on y regarde de près, on voit que chaque cépage a ses caractères propres. La Grosse-Carmenère et le Persaigne noir, qui ont été pris sur le même sol et la même année, présentent à l'égard de la potasse une différence considérable. Il faut donc admettre que le Persaigne noir est moins exigeant que la Grosse-Carmenère à l'égard de cet élément.

Le Montrachet contient beaucoup plus d'acide phosphorique que la Marsane, bien que celle-ci provienne d'un sol beaucoup plus riche de cet élément.

Nous venons de voir les variations que présentent des cépages différents provenant du même sol. Voici maintenant des analyses d'un même cépage provenant de sols différents, toujours à floraison :

Composition des ceps par 1,000 kil. de matière sèche.

	Matière sèche produite par pied.	Acide phosphorique.	Potasse.	Chaux.	Magnésie.	Azote.
	gr.	kil.	kil.	kil.	kil.	kil.
Sémillon :						
Terre argileuse.	161.16	4.31	14.88	23.31	3.44	18.26
Terre de grave.	140.21	3.36	14.59	16.72	2.84	18.35
Sauvignon :						
Terre argileuse.	211.36	4.14	14.20	23.41	3.25	19.96
Terre de grave.	98.28	4.11	18.53	17.71	3.38	21.79
Montrachet :						
Terre n° 1.....	38.21	10.88	12.75	21.02	4.48	16.36
Terre n° 2.....	38.15	8.73	13.27	19.19	3.87	19.26
Terre n° 3.....	41.47	7.60	12.93	19.98	4.21	17.00
Terre n° 4.....	27.96	9.55	14.77	18.83	3.91	17.00

Composition des terres de ces ceps par 100 kil.

	Acide phosphorique.	Potasse.	Chaux.	Magnésie.	Azote.
	gr.	gr.	gr.	gr.	gr.
Terre argileuse du Sémillon et du Sauvignon.........	24	221	21933	60	64
Terre de grave du Sémillon et du Sauvignon	16	63	158	37	59
Terre du Montrachet n° 1..	124	293	33640	587	92
— n° 2..	116	382	13096	605	131
— n° 3..	149	292	20600	596	107
— n° 4..	41	434	8474	587	153

On voit que l'influence de la composition du sol se retrouve dans la composition des produits de la vigne, mais d'une manière beaucoup moins accusée qu'on aurait pu le supposer.

La terre de grave étant très pauvre, en général, et particulièrement dépourvue de chaux, pendant que la terre argileuse en est, au contraire, très riche, nous voyons le Sémillon et le Sauvignon ne laisser descendre que d'un quart environ leur proportion de chaux lorsqu'ils sont cultivés dans la terre de grave.

De même, pour le Montrachet; pendant que la terre n° 1 est trois fois plus riche en acide phosphorique et quatre fois plus riche en chaux que la terre n° 4, la proportion de ces deux éléments, dans les produits de la vigne, ne s'abaisse guère que d'un dixième sur la terre n° 4.

Il est donc évident que chaque cépage tend à réaliser une composition qui lui est propre, et s'en rapproche toujours autant que le lui permet la composition du sol. Si le sol est pauvre d'un ou de plusieurs des éléments essentiels, la composition de la vigne ne s'en ressent que faiblement, mais la quantité de ses produits se règle sur la quantité qu'elle peut absorber des éléments les moins abondants.

On voit, par exemple, que le Sauvignon ne donne, pour la pousse de l'année, en terre de grave, que 98 gr. 28 de matière sèche par pied, tandis qu'il en donne 211 gr. 36 en terre argileuse, ce qui fait une différence du simple au double. Nous pouvons donc tirer de ces constatations ces deux conséquences pratiques importantes :

1° Que la nature des produits de la vigne,

c'est-à-dire leur composition et leur qualité, dépend surtout du cépage et n'est que faiblement influencée par la composition du sol ;

2° Que le développement de l'arbuste et l'abondance de ses produits sont, au contraire, en rapport direct avec la richesse du sol en éléments essentiels.

Cépages américains. — Depuis que le phylloxera a donné à la culture des cépages américains un intérêt de premier ordre, il est intéressant de savoir si les exigences de ces cépages exotiques s'écartent sensiblement de celles de nos cépages indigènes.

Le champ d'expériences de la Société d'agriculture de Vaucluse, où les principales variétés sont cultivées côte à côte, sur le même sol, nous offrait le moyen de nous renseigner facilement à cet égard. M. Pichard, le savant directeur de la Station agronomique d'Avignon, a bien voulu, en 1882, me préparer des échantillons qu'il m'a adressés à Paris, en poudre sèche enfermée dans des flacons, seul moyen de me faire passer, sans violer les règlements, ces bois américains si utiles dans les contrées ravagées par le fléau, mais si redoutés dans les pays encore indemnes.

Chaque échantillon était le produit d'une branche entière, bois et feuilles, pris à l'époque de la floraison.

On peut certainement admettre que les autres branches du même pied avaient la même composition et, par conséquent, que les analyses suivantes représentent la composition de la pousse de l'année et sont comparables à celles que nous avons précédemment données pour les cépages français.

Composition de sept cépages américains pour 1,000 kil. sec.

	Longueur du sarment.	Poids du sarment sec.	Acide phosphorique.	Potasse.	Chaux.	Magnésie.	Azote.
	m.	gr.	kil.	kil.	kil.	kil.	kil.
Jacquez....	3.50	187.62	3.40	7.84	19.83	5.34	27.78
Solonis....	4.00	107.64	4.47	14.66	16.75	4.26	18.76
Vialla......	4.00	123.66	3.88	15.65	16.06	4.22	17.72
Herbemont.	3.40	83.04	3.58	8.51	19.69	5.75	19.28
Riparia....	4.00	53.06	3.28	11.27	15.91	4,45	16.56
Taylor.....	3.60	64.75	3.44	11.59	11.59	4.24	20.84
Cynthiana..	3.50	41.75	4.17	13.00	16.54	4.85	15.42

Le sol du champ d'expériences d'Avignon n'est pas également favorable à tous ces cépages. L'envoi de M. Pichard était accompagné d'une note indiquant pour le dernier cépage, le Cynthiana, un certain état de souffrance caractérisé par le jaunissement fréquent des feuilles. Il ne faudrait donc pas accepter ces chiffres comme exprimant définitivement la composition des cépages américains. Ils montrent, en tous cas, que ces vignes exotiques si productives ne s'écartent guère, au point de vue de leur composition, de celles que nous cultivions depuis des siècles.

Si, en effet, nous établissons des moyennes entre toutes les analyses des cépages français que nous avons citées précédemment, et entre les cépages américains ci-dessus, nous arrivons au tableau suivant :

Composition moyenne par 1,000 kil. de matière sèche comprenant les branches et les feuilles prises à l'époque de la floraison.

	Cépages français.	Cépages américains.
	kil.	kil.
Acide phosphorique	5.44	3.60
Potasse	12.57	10.50
Chaux	21.38	17.72
Magnésie	4.91	4.73
Azote	16.91	19.48

La moyenne d'acide phosphorique est beaucoup plus élevée pour les cépages français, mais cela tient évidemment à l'influence du Montrachet, qui paraît avoir, à cet égard, des exigences toutes spéciales. Si l'on supprime le Montrachet, la moyenne des cépages français tombe à 4,35, chiffre beaucoup plus voisin de celui des cépages américains.

Si nous réunissons en une seule moyenne les six cépages français et les sept cépages américains examinés, nous arrivons aux chiffres suivants qui expriment la composition particulière de la vigne, c'est-à-dire les chiffres autour desquels viendront se ranger, avec de faibles écarts, tous ceux que pourront donner les analyses des divers cépages cultivés.

Composition moyenne de la vigne.

	Pour 1,000 k. de matière sèche.	Pour 1 d'acide phosphorique absorbé.
	—	—
Acide phosphorique	4.52	1
Potasse	12.37	2.74
Chaux	18.82	4.16
Magnésie	4.81	1.06
Azote	18.30	4.05

En comparant cette composition à celle que nous avons trouvée par des études semblables aux principales récoltes de nos champs, on aperçoit bien nettement le caractère particulier de la vigne.

Rapport des éléments essentiels dans les principales récoltes, l'acide phosphorique étant pris pour unité.

	Acide phosphorique.	Potasse.	Chaux.	Magnésie.	Azote.
	—	—	—	—	—
Vigne en fleur	1	2.74	4.16	1.06	4.05
Blé —	1	3.82	0.79	0.37	2.84
Avoine —	1	4.09	0.60	1.76	1.39
Sarrasin —	1	2.22	1.25	0.30	0.68
Foin de prairie en fleur	1	3.72	1.71	0.43	2.86
Luzerne	1	3.36	6.72	0.76	4.62
Betterave à sucre	1	5.25	1.66	0.94	3.44
Pomme de terre	1	2.22	1.25	0 30	0.68

Ces chiffres montrent que la vigne exige surtout de la chaux et de l'azote et se rapproche plutôt de la luzerne que de toute autre culture. Il en résulte que les terres qui conviennent à la luzerne sont aussi celles qui conviennent à la vigne ; c'est, du reste, ce que la pratique a constaté.

Il résulte aussi de ces constatations que la vigne doit se plaire surtout dans les sols calcaires, et que si on la cultive dans les terres qui ne le sont pas, les amendements calcaires deviennent d'une absolue nécessité.

On a souvent dit que la potasse était la dominante de la vigne, parce que, le plus souvent, ce sont les engrais à potasse qui paraissent influencer le plus sa végétation. Il est évident qu'il doit en être ainsi dans les sols calcaires où la chaux est abondante et où, par conséquent, la vigne ne peut en être privée. Mais dans les sols granitiques, c'est précisément l'inverse qui se produirait. Seulement, comme la vigne est plus rarement cultivée dans les sols granitiques que dans les sols calcaires, on a eu moins souvent l'occasion de le constater.

Nous verrons, du reste, tout à l'heure, que la potasse joue un rôle prépondérant dans la production du fruit, ce qui peut justifier, dans une certaine mesure, le préjugé établi.

II

INFLUENCE PARTICULIÈRE DE CHACUN DES ÉLÉMENTS ESSENTIELS SUR LA VÉGÉTATION DE LA VIGNE.

Pour se rendre compte de l'influence exercée par chaque élément, il ne faut plus seulement examiner la vigne en bloc et à floraison, mais il faut comparer sa composition à floraison et à maturité, et étudier séparément chacune de ses parties : sarments, feuilles et fruits.

Voici d'abord quelques analyses des mêmes cépages pris au moment de la floraison et de la maturité. Pour qu'on puisse se rendre compte du mouvement des éléments d'une époque à l'autre, nous reproduisons deux fois les analyses en les rapportant : 1° à 1,000 kilogr. de matières sèches pour toutes ; 2° en les calculant chacune pour la quantité de matière sèche produite par un pied de vigne.

Nous laissons de côté les souches et les racines qui servent de réservoir, et dont l'examen nous entraînerait trop loin. Notre comparaison ne porte que sur la pousse de l'année, comme si la vigne était une plante annuelle.

Composition comparée des différents cépages à floraison et à maturité.

1° Dans 1,000 kil. de matière sèche.

		Matière sèche par pied	Acide phosphorique	Potasse	Chaux	Magnésie	Azote
		gr.	kil.	kil.	kil.	kil.	kil.
Grosse-Carmenère	à floraison	652.00	4.55	17.28	17.58	6.09	14.22
	à maturité	518.00	3.35	15.49	13.50	3.20	10.79
Persaigne noir..	à floraison	548.00	4.56	6.92	23.95	7.74	16.20
	à maturité	306.00	3.79	7.87	18.20	7.15	9.18
Marsane........	à floraison	503.00	4.20	9.23	19.01	4.46	16.44
	à maturité	463.96	3.89	3.27	16.35	3.15	11.27
Sémillon	à floraison	161.16	4.31	14.88	23.31	3.44	18.26
	à maturité	629.95	3.33	11.17	17.64	2.84	11.72
Sauvignon......	à floraison	211.36	4.14	14.29	23.41	3.25	19.96
	à maturité	422.09	2.97	10.40	16.36	2.98	10.58

2° Dans un pied entier.

		gr.	gr.	gr.	gr.	gr.	gr.
Grosse-Carmenère	à floraison	652.00	2.97	11.27	11.47	3.97	9.27
	à maturité	518.00	1.74	8.02	6.99	1.66	5.59
Persaigne noir..	à floraison	548.00	2.50	3.82	13.11	4.23	8.88
	à maturité	306.00	1.16	2.41	5.59	2.19	2.80
Marsane........	à floraison	503.00	2.11	4.64	9.96	2.24	8.27
	à maturité	463.96	1.81	3.52	7.59	1.46	5.23
Sémillon	à floraison	161.16	0.69	2.40	3.75	0.55	2.94
	à maturité	629.95	2.10	7.04	11.13	1.79	7.39
Sauvignon......	à floraison	211.36	0.89	3.92	4.95	0.69	4.22
	à maturité	422.09	1.25	4.39	6.90	1.26	4.46

Il résulte de ces chiffres que, d'une manière générale, la richesse de la matière végétale de la vigne en éléments essentiels est beaucoup plus élevée à la floraison qu'à la maturité. Dans le plus grand nombre des cas, la masse de matière végétale produite par un cep de vigne est à son apogée, comme quantité et comme richesse, à l'époque de la floraison, ou quelques jours après. C'est ce que nous voyons pour les trois premiers cépages examinés ci-dessus. A partir de la floraison, la quantité de la matière sèche diminue ainsi que ses dosages.

Pour les deux derniers cépages, la quantité de matière sèche augmente, au contraire, très fortement de la floraison à la maturité. Est-ce une propriété particulière à ces cépages, où doit-on attribuer ce fait à la pauvreté excessive du sol sur lequel ils sont cultivés, pauvreté qui ne leur permettrait pas de prendre tout leur développement avant la floraison, et les obligerait à le continuer au delà ? C'est une question que nous ne pouvons encore que poser et non résoudre. Toujours est-il que, malgré le développement que le Sémillon et le Sauvignon ont pris après la floraison, leur richesse millésimale en éléments essentiels a diminué, comme pour les autres cépages.

Il est donc évident que, de la floraison à la maturité, il se fait, au sein de l'arbuste, un travail analogue à celui que nous avons constaté chez des plantes annuelles telles que les céréales. Le fruit se développe aux dépens des sarments et des feuilles où les éléments de sa formation ont été d'abord élaborés. Mais, pendant que ces éléments cheminent au sein des organes anciens, alors même que la végétation est encore assez active pour tirer du sol une certaine nourriture et augmenter la masse végétale produite, il se fait une épuration et une élimination d'une partie des éléments primitivement absorbés et devenus inutiles.

Ces phénomènes deviendront encore plus évidents si nous comparons pour chaque cépage la composition des sarments et des feuilles aux deux époques.

Composition et quantité de la matière végétale des sarments et des feuilles à la floraison et à la maturité.

			Matière sèche par pied	Dans 1,000 k. de matière sèche.				
				Acide phosphorique	Potasse	Chaux	Magnésie	Azote
			gr.	k.	k.	k.	k.	k.
Grosse-Carmenère	Sarments	à floraison	323.00	4.39	16.81	9.89	3.15	5.53
		à maturité	195.00	2.56	9.00	9.58	2.46	6.44
	Feuilles	à floraison	329.00	4.72	17.77	25.15	5.96	22.76
		à maturité	100.00	5.26	18.72	38.86	9.11	24.08
Persaigne noir.	Sarments	à floraison	201.00	2.86	5.60	10.49	4.82	4.27
		à maturité	131.00	2.48	4.22	9.63	6.82	6.56
	Feuilles	à floraison	347.00	5.56	7.77	31.87	9.44	23.13
		à maturité	73.00	3.40	4.34	50.23	17.45	12.67
Marsane.	Sarments	à floraison	226.00	2.12	10.18	10.59	2.39	6.23
		à maturité	210.40	2.68	4.62	10.09	2.33	9.14
	Feuilles	à floraison	217.00	5.63	6.27	33.83	6.19	25.65
		a maturité	120.56	3.95	3.58	40.15	7.18	20.30
Sémillon.	Sarments	à floraison	63.72	3.55	11.36	10.95	1.93	10.22
		à maturité	250.02	2.85	8.49	9.62	1.73	6.82
	Feuilles	à floraison	97.45	4.81	17.20	31.40	4.43	23.54
		à maturité	205.21	4.14	12.96	40.15	5.46	21.20
Sauvignon.	Sarments	à floraison	84.64	3.45	12.00	9.05	1.93	9.62
		à maturité	146.76	2.50	6.51	11.08	2.54	5.40
	Feuilles	à floraison	126.72	4.77	15.23	33.05	4.15	26.88
		à maturité	116.35	3.81	13.35	42 03	6.20	21.16

Il résulte de ces chiffres que, quatre fois sur cinq, le taux de l'acide phosphorique diminue dans les sarments et dans les feuilles en passant de la floraison à la maturité.

La potasse diminue cinq fois sur cinq dans les sarments et quatre fois sur cinq dans les feuilles.

La chaux diminue légèrement dans les sarments, mais augmente considérablement dans les feuilles.

La magnésie diminue quelquefois un peu dans les sarments, et plus ordinairement elle s'y maintient ou y augmente. Dans les feuilles, elle suit le mouvement de la chaux et augmente dans les cinq cas examinés.

Quant à l'azote, il augmente trois fois sur cinq dans les sarments et diminue quatre fois sur cinq dans les feuilles.

On peut donc admettre que, d'une manière générale, l'acide phosphorique, la potasse et l'azote tendent à diminuer, la chaux et la magnésie à augmenter, dans les sarments et dans les feuilles, et que le mouvement est beaucoup plus marqué pour les feuilles que pour les sarments.

Il est déjà facile de pressentir, d'après ces premières données, que la formation du fruit utilise principalement l'acide phosphorique, la potasse et l'azote, tandis que le bois et les feuilles se constituent surtout à l'aide de la chaux et de la magnésie, et n'absorbent guère les trois premiers éléments que pour les tenir à la disposition du fruit qui, puise dans ce réservoir, comme le bois et les feuilles avaient d'abord puisé dans le sol par l'intermédiaire des racines.

La comparaison de la composition des fruits avec celle des sarments et des feuilles qui les ont nourris fera ressortir cette vérité d'une façon absolument incontestable.

Composition comparée de l'ensemble de la matière végétale produite, prise à maturité, avec celle du fruit.

		Matière sèche par pied.	Acide phosphorique.	Potasse.	Chaux.	Magnésie.	Azote.
			Dans 1,000 k. de matière sèche.				
		Gr.	Kil.	Kil.	Kil.	Kil.	Kil.
Grosse-Carmenère	Pousse de l'année..	518. »	3.35	15.49	13.50	3.20	10,79
	Fruit	222. »	3.21	10.69	5.41	1.16	8.55
Persaigne noir	Pousse de l'année...	306. »	3.79	7,87	18.20	7,15	9.18
	Fruit..............	102. »	5.75	15.04	6.41	2.08	9.98
Marsano	Pousse de l'année...	463.96	3.89	3.27	16.35	3.15	11,27
	Fruit..............	133. »	5.77	15.89	4.74	0.82	6.46
Sémillon	Pousse de l'année...	629.95	3.33	11.47	17.64	2.84	11.72
	Fruit..............	174.72	3.09	12.94	2.75	1.35	7.66
Sauvignon	Pousse de l'année...	422.09	2.97	10.40	16.36	2.98	10.58
	Fruit..............	158,98	2.77	11.82	2.42	1.03	7.60

Ces données permettent de calculer, pour chaque cépage et pour chaque élément, la proportion de matière passée dans le fruit par rapport à la quantité contenue à l'époque de la maturité.

Résultats du mouvement de la matière sèche et de chaque élément essentiel pour la formation du fruit.

		Matière sèche par pied.	Acide phosphorique.	Potasse.	Chaux.	Magnésie.	Azote.
			Éléments contenus				
		Gr.	Gr.	Gr.	Gr.	Gr.	Gr.
Grosse-Carmenère	Pousse de l'année.	518. »	1.74	8.02	6.99	1.66	5.59
	Fruit	222. »	0.71	4.37	1.20	0.26	1.90
	0/0 dans le fruit.	41.30	40.81	54.48	17.17	15.66	33.81
Persaigne noir	Pousse de l'année.	306. »	1.16	2.41	5.59	2.19	2.80
	Fruit	102. »	0.59	1.53	0.65	0.21	1.02
	0/0 dans le fruit.	33.33	50.86	63.48	11.62	9.59	36.42
Marsane	Pousse de l'année.	463.96	1.81	3.52	7.59	1.46	5.23
	Fruit	133. »	0.77	2.11	0.63	0.11	0.86
	0/0 dans le fruit.	28.66	42.54	59.91	8.30	7.53	16.63
Sémillon	Pousse de l'année.	629.95	2.10	7.04	11.13	1.79	7.39
	Fruit	174.72	0.54	2.26	0.48	0.24	1.34
	0/0 dans le fruit.	27.73	25.71	32.10	4.31	13.41	18.13
Sauvignon	Pousse de l'année.	422.09	1.25	4.39	6.90	1.26	4.46
	Fruit	158.98	0.44	1.88	0.38	0.16	1.21
	0/0 dans le fruit..	37.66	35.20	42.82	5.51	12.69	27.17
Proportion moyenne dans le fruit 0/0.......		33.73	39.02	50.56	11.38	11.77	26.43

Ces chiffres montrent que, pendant que le fruit forme une quantité de matière végétale qui s'élève à 33,73 0/0 de la masse totale produite, l'acide phosphorique et la potasse s'y rendent dans une proportion relativement plus élevée 39,02 0/0 pour l'acide phosphorique et 50,56 0/0 pour la potasse. Il en résulte évidemment qu'au point de vue de leur rôle dans la formation du fruit, les éléments essentiels se classent de la manière suivante :

Au premier rang, la potasse, qui est de beaucoup l'élément le plus influent, et justifie ainsi, dans une certaine mesure, le préjugé qui en a fait la dominante de la vigne, alors qu'au point de vue de l'arbuste, pris dans son ensemble, elle est certainement moins importante que la chaux.

Au deuxième rang, vient l'acide phosphorique, qui joue encore un rôle plus important dans la formation du fruit que pour celle des autres parties du végétal.

Vient ensuite l'azote, moins important pour le fruit que pour le bois et les feuilles.

Et, enfin, bien loin de ces trois éléments, la chaux et la magnésie, dont le rôle est tout à fait secondaire pour le fruit, tandis qu'il est considérable pour la production du bois et des feuilles.

Mais nous avons voulu pousser encore plus loin l'étude de cette spécialisation des éléments constitutifs de la vigne, et, en 1883, nous avons soumis à l'analyse, séparément, des raisins de Grenache et des pépins de cette même variété. Voici ce que nous avons trouvé pour 1,000 k. de matière sèche :

	Dans les grains de raisin entiers.	Dans les pépins seuls.
	—	—
Acide phosphorique..... Kilogr.	2.36	5.56
Potasse..........................	10.23	6.98
Chaux..........................	3.12	14.69
Magnésie..........................	1.14	1.95
Azote..........................	11.78	20.54

Ces chiffres montrent que l'acide phosphorique, la chaux et l'azote sont surtout utilisés pour le développement du pépin ou semence de la vigne. La potasse, au contraire, concourt beaucoup plus à la production de la chair ou pulpe du fruit qu'à celle de la semence.

Les conséquences pratiques de toutes ces constatations sont faciles à déduire :

1° Pour que la vigne se développe régulièrement et normalement, il faut que le sol où elle est cultivée lui fournisse les éléments minéraux : acide phosphorique, potasse, chaux, magnésie, dans les proportions que nous avons indiquées pour la composition moyenne de la vigne à l'époque de sa floraison, soit, en chiffre rond, pour 1 d'acide phosphorique, 3 de potasse, 4 de chaux et 1 de magnésie.

2° Si le sol ne présente pas naturellement une composition capable d'alimenter la vigne dans ces proportions, de deux choses l'une : ou elle refusera d'y prospérer, si les écarts sont par trop grands, ou, s'ils sont moins importants, elle y poussera d'une manière anormale, et produira peu.

3° Si la chaux et la magnésie sont abondantes, pendant que l'acide phosphorique et la potasse font relativement défaut, la vigne produira du bois et des feuilles, mais très peu de fruit.

4° Si, au contraire, la potasse et l'acide phosphorique sont abondants et la chaux et la magnésie rares, l'arbuste se développera relativement moins, mais produira une quantité de fruit proportionnellement élevée. Si la potasse est abondante, les grains de raisin seront nombreux et bien développés ; si, au contraire, elle vient à manquer pendant que l'acide phosphorique abonde, les grains seront rares, petits et contiendront des pépins volumineux ;

5° L'azote joue aussi un rôle fort important. Sa proportion, dans la vigne, est sensiblement égale à celle de la chaux, mais il convient de tenir compte, en ce qui concerne cet élément, de ce qu'il peut être fourni, en partie, par l'atmosphère.

En voyant la vigne suspendue aux flancs des coteaux les plus arides et prospérant dans des sols qui produisent à peine quelques mauvaises herbes, on serait bien tenté d'admettre que l'air est la source unique où elle puise son azote.

Cependant, il est incontestable qu'elle n'est pas insensible aux engrais azotés. Elle subit même leur influence à un tel point que, si la quantité d'azote assimilable contenue dans le sol ou apportée par les engrais dépasse une certaine limite, elle pousse avec une activité vertigineuse, elle produit beaucoup de bois et de feuilles et forme d'énormes quantités de grappes, qu'elle ne peut mûrir faute d'une insolation suffisante, les feuilles étant plus nombreuses et plus persistantes que de coutume. La sève se trouve d'ailleurs entraînée avec une telle intensité sur les extrémités des sarments, que le raisin se nourrit mal. Les grains sont nombreux mais restent petits et verts. Cet ensemble de caractères est indiqué dans la langue des vignerons par un mot qui en donne une juste idée : ils disent que la vigne est *folle*. C'est une des principales raisons qui rendent sa culture impossible dans les terres riches en azote, où elle ne peut produire que de la feuille et du bois.

Les chiffres que nous avons donnés plus haut, et qui caractérisent le rôle de l'azote dans la végétation de la vigne, rendent parfaitement compte de ces phénomènes.

Il importe donc, au point de vue pratique, de ne cultiver la vigne que sur des sols où les matières azotées ne soient pas trop abondantes, car il est plus facile de surexciter sa végétation par l'apport d'engrais azotés, que de la calmer sur les terres où l'azote assimilable se trouve en excès. On y arrive toutefois, dans une certaine mesure, en augmentant, dans ces sortes de terres, les proportions d'acide phosphorique et de potasse, de manière à équilibrer les excès d'azote venant du sol.

III

NATURE ET COMPOSITION DES ENGRAIS QUI CONVIENNENT A LA VIGNE.

En nous appuyant sur les données que les analyses précitées nous ont fournies, il nous sera facile de déterminer la composition de l'engrais type de la vigne.

Il est évident que pour maintenir la composition du sol lorsqu'elle est favorable, il faut que cet engrais contienne les éléments essentiels dans les proportions mêmes où ils se trouvent dans les produits annuels de la vigne, et puisque nous avons constaté qu'en général, sa richesse s'abaisse de la floraison à la maturité, c'est la composition qu'elle présente à la floraison qu'il faut prendre pour base de calcul.

L'engrais type de la vigne devrait donc contenir, comme la pousse annuelle de la vigne, à floraison, pour 1 d'acide phosphorique, 3 de potasse, 4 de chaux, 1 de magnésie et 4 d'azote.

Mais l'expérience a montré que si l'on donnait une proportion d'azote aussi élevée, on avait des accidents d'affolement, et que l'on devait le supprimer partout où la vigne pousse suffisamment, et le réduire, dans tous les cas, à une proportion, à peu près égale à celle de l'acide phosphorique.

Comme la plupart des terres sont suffisamment riches en magnésie pour que l'introduction de cette base dans les engrais soit inutile, il convient généralement d'en faire l'économie. On peut toujours, du reste, s'assurer, par l'analyse du sol, de l'opportunité de cette suppression. Toute terre qui donne, à l'analyse, moins de 1 à 2 millièmes de magnésie doit recevoir des engrais magnésiens.

Longtemps avant que nous ayons pu faire les études que nous venons d'exposer, nous étions arrivé par les tâtonnements de l'expérience à conseiller, pour la vigne, deux engrais dont la pratique a reconnu l'efficacité. Nous les désignons habituellement par les lettres C et G.

Voici la composition de ces deux engrais en regard des exigences de la vigne réduites, comme nous venons de l'indiquer, par la suppression de la magnésie et la diminution de l'azote :

	Exigences de la vigne.	Engrais C complet.	Engrais G sans azote.
Acide phosphorique	1	5	5
Potasse	3	14	14
Chaux	4	19	20
Azote	1	4	0

On voit que la théorie justifie, à très peu près, les données de la pratique, et qu'il n'y aurait que peu de chose à changer à la composition de ces engrais pour les ramener exactement aux données qui précèdent. Convient-il de faire ces changements ?

Ce serait, pour une bien petite satisfaction théorique, jeter la perturbation dans des usages commerciaux et industriels établis, et d'ailleurs, toutes ces constatations ne pouvant être d'une précision absolue, puisqu'elles reposent sur des moyennes tirées de données encore peu nombreuses, on peut admettre, sans trop s'exposer, que ces engrais répondent aux besoins généraux de la vigne, aussi bien qu'il est possible d'y arriver pratiquement.

L'engrais complet convient, bien entendu, aux terres où la vigne ne végète pas suffisamment, et l'engrais sans azote à celles où la vigne a des tendances à l'affolement.

La composition de l'engrais type étant déterminée, il reste à fixer la quantité qu'il convient d'en employer.

Pour cela, il faut se rendre compte de la quantité de récolte à produire.

Voici, pour les cinq cépages que nous avons étudiés, les constatations auxquelles nous sommes arrivés :

Par pied.	Grosse-Carmenère.	Persaigne noir.	Marsane.	Sémillon.	Sauvignon
	gr.	gr.	gr.	gr.	gr.
Matière sèche à floraison.	652	548	503	161	211
— — à maturité.	518	306	464	630	422
Raisin frais.............	1.002	735	1.233	1.175	880
— sec.............	222	102	133	175	159
Nombre de pieds à l'hect.	3.000	3.000	5.000	7.400	7.400

Le produit en raisin de ces divers cépages est, en moyenne, de 1 kilogr. par pied, ce qui conduit à des récoltes fort différentes, puisque le nombre de pieds, à l'hectare, varie plus que du simple au double.

La moyenne de ces récoltes est, à peu près, de 5,000 kilogr. de raisin, à l'hectare, ce qui donne environ 30 hectolitres de vin, en comptant sur un rendement net de 60 0/0.

Les quantités d'acide phosphorique maxima, trouvées dans les récoltes analysées, ont été les suivantes :

			Par pied.
A floraison .	Grosse-Carmenère........	Gr.	2.97
	Persaigne..................		2.50
	Marsane.....................		2.11
A maturité..	Sémillon...................		2.10
	Sauvignon..................		1.25
	Moyenne.......	Gr.	2.186

On peut donc admettre que la vigne exige, en moyenne, 2 gr. 20 d'acide phosphorique pour produire 1 kilogr. de raisin, soit 11 kilogr. de ce même acide à l'hectare, pour produire 5,000 kilogr. de raisin et 30 hectolitres de vin.

La quantité d'engrais rigoureusement nécessaire pour produire une semblable récolte serait donc :

	Par pied.	A l'hectare.
	grammes.	kilogr.
Engrais C complet........	44 »	220 »
contenant :		
Acide phosphorique	2.20	11.000
Potasse....................	6.16	30.800
Chaux......................	8.36	41.800
Azote......................	1.76	8.800

Mais il est évident que l'on ne peut espérer que l'engrais mis en terre sera totalement absorbé par les racines, sans aucune déperdition. D'ailleurs, une récolte de 5,000 kilogr. de raisin à l'hectare n'est pas considérable, et il n'est pas rare d'obtenir deux et trois fois cette quantité, suivant que l'on cultive des cépages plus ou moins fructifères et que les conditions climatériques sont plus ou moins favorables.

Il est donc de bonne pratique d'augmenter la dose d'engrais dans la mesure nécessaire pour faire face à la production maxima que l'on peut espérer, dans les conditions où l'on se trouve placé, afin que, si tout est favorable à une bonne récolte, elle ne puisse échapper, faute d'engrais.

La dose que nous faisons employer habituellement est de 1,000 kilogr. à l'hectare, ou 100 grammes environ par pied, chaque année. Le sol reçoit ainsi une quantité d'engrais capable de faire face à une production de plus de 130 hectolitres de vin.

Cette dose est donc suffisante pour les besoins de la vigne dans la grande majorité des cas. Mais lorsqu'il s'agit de relever une vigne affaiblie et qui reçoit des engrais pour la première fois, il est évident qu'il faut en confier à la terre une quantité encore plus forte, afin d'assurer largement, et tout d'abord, un approvisionnement abondant que l'on entretient ensuite, chaque année, par des doses moindres. Dans les cas de ce genre, nous allons jusqu'à 2,000 kilogr. et même 2,500 kilogr. à l'hectare, soit 200 à 250 grammes par pied, en supposant une plantation de 10,000 pieds, sur cette surface de terre. Quel que soit, d'ailleurs, le nombre de pieds à l'hectare, il n'est jamais utile de dépasser ces doses maxima, car le rapprochement nuisant au développement, l'ensemble ne peut consommer une plus grande quantité d'engrais.

Mais l'engrais complet, tel que nous venons de le décrire n'est pas partout et toujours nécessaire.

Dans certains cas, il importe de supprimer ou d'augmenter la dose de quelques-uns de ses composants pour des raisons physiologiques spéciales. C'est ainsi que nous avons déjà indiqué l'emploi de l'engrais G, c'est-à-dire l'engrais complet moins l'azote, lorsque la vigne pousse d'une façon exubérante et mûrit mal son fruit.

Il faut, au contraire, augmenter assez fortement la proportion d'azote, s'il s'agit de relever rapidement la végétation de l'arbuste affaiblie par l'une des nombreuses maladies auxquelles il est exposé, après les atteintes du phylloxera, par exemple.

Dans beaucoup de terres, on peut faire l'économie de certains éléments parce qu'elles en sont surabondamment pourvues.

L'analyse chimique du sol, peut, à cet égard, rendre de grands services, non pas que l'on puisse déduire de ses données l'état actuel de fertilité du sol, car elle ne fait connaître que les masses totales d'éléments utiles contenus et non leur assimilabilité. Mais la connaissance des réserves, jointe à l'observation de la vigne sur des sols de composition connue, permet incontestablement de diriger l'emploi des engrais avec plus de sûreté et plus d'économie.

C'est ainsi que la comparaison d'un grand nombre d'analyses de terres dont la puissance productive nous était connue, nous a amené à admettre que la composition d'une terre convenablement fertile, pour la vigne, est à peu près la suivante :

	Dans 100 kilogr. de terre.	A l'hectare dans 0m,40 d'épaisseur.
	gr.	kilogr.
Acide phosphorique	0.100	8.000
Potasse	0.250	20.000
Chaux	5.000	400.000
Magnésie	0.200	16.000
Azote	0.050	4.000

Toute terre dont les dosages en acide phosphorique, potasse, chaux et magnésie sont égaux ou supérieurs à ceux que nous venons d'indiquer n'a besoin d'aucun engrais contenant ces éléments. Si, au contraire, les dosages donnés par l'analyse descendent au-dessous de ces chiffres, les éléments manquants devront être apportés par les engrais en quantités d'autant plus fortes que le dosage sera plus bas.

Pour l'azote, nous avons déjà vu que le guide le plus sûr est l'aspect même de la végétation. La terre peut être, en effet, très riche en matières azotées dosables par l'analyse sans cependant être capable de fournir à la végétation l'azote dont elle a besoin. C'est que l'azote du sol se trouve engagé dans des débris végétaux ou animaux qui ne le livrent à la plante qu'au fur et à mesure de leur décomposition et de la transformation de ces matières en nitrates. Or, la nitrification est influencée par des causes nombreuses dont nous ne sommes pas toujours maîtres. Il ne faut donc pas trop compter sur l'azote du sol et en donner, sous forme d'engrais, partout où la végétation se montre insuffisante.

L'analyse de la terre est loin, toutefois, d'être inutile à cet égard. Lorsqu'elle indique un taux d'azote élevé, on peut, avec grandes chances de succès, travailler à activer la nitrification par des labours superficiels fréquents et l'emploi des amendements calcaires qui exercent sur cette transformation une influence marquée.

Pour compléter l'étude de l'engrais des vignes,

après avoir précisé sa composition, les doses auxquelles il doit être employé et les motifs qui peuvent faire varier la dose de chaque élément, il nous reste à examiner la forme la plus convenable sous laquelle chaque élément doit y être introduit.

Acide phosphorique. — L'acide phosphorique est donné au sol sous forme de phosphates ou de superphosphates.

Les superphosphates agissent, à la fois, comme source d'acide phosphorique et comme engrais calcaire, à cause du sulfate de chaux qu'ils contiennent. Leur acide phosphorique ayant été rendu complètement soluble dans l'eau, plus ou moins chargée d'acide carbonique, ils n'ont pas besoin, pour produire leurs bons effets, de rencontrer dans le sol de l'humus ou des dissolvants salins; aussi conviennent-ils à tous les sols qui ne sont pas acides. Comme leur prix est relativement élevé, ils doivent surtout être employés pour obtenir un effet immédiat sur la récolte même pour laquelle ils sont répandus. Bien qu'ils deviennent rapidement insolubles dans la plupart des sols où ils rencontrent du carbonate de chaux, de l'oxyde de fer et de l'alumine, qui les transforment en phosphates, leur extrême division (division chimique) les rend facilement entraînables par les eaux; aussi conviennent-ils particulièrement à la vigne, qui a besoin d'engrais descendant facilement dans le sous-sol.

Si la vigne est cultivée sur des terres très légères et peu calcaires, qui pourraient les laisser filtrer au delà de la couche occupée par les racines, on devra leur préférer les phosphates précipités. Il en sera de même dans les terrains acides, dans lesquels les superphosphates ont l'inconvénient d'augmenter l'acidité et de favoriser le développement des herbes acides, telles que les prêles, la grande oseille, etc.

Les phosphates précipités, beaucoup plus riches que les superphosphates, sont tout aussi facilement assimilables lorsqu'ils ont été bien préparés. Toutefois, leur division étant moins parfaite par suite de l'agglomération des particules par le séchage, ils ont moins de chances d'être entraînés dans les sols légers, et descendent moins facilement aux racines profondes de la vigne dans les bonnes terres.

Dans les sols qui ne sont plus assez acides pour attaquer convenablement les phosphates fossiles, et qui n'ont pas encore assez perdu de leur acidité pour pouvoir accepter les superphosphates, ils remplacent ces derniers fort avantageusement et fournissent des résultats rapides et certains.

Il ne peut être question, pour la vigne, de l'emploi des phosphates fossiles pulvérisés, car leur action n'est certaine que dans les sols très acides, et ces sortes de terres sont essentiellement impropres à la culture de la vigne, tant qu'elles n'ont pas été suffisamment désacidifiées par les amendements calcaires, et, alors, l'emploi des phosphates fossiles y devient inefficace.

Il faut donc recourir aux superphosphates dans les terres argileuses et calcaires et aux phosphates précipités dans les terres siliceuses légères et dans les terres riches en débris organiques manquant de calcaire et conservant un peu d'acidité.

Chaux. — Lorsqu'il s'agit de l'emploi de la chaux en agriculture, il faut immédiatement établir une distinction entre le chaulage destiné à modifier l'état physique du sol, et l'emploi de la chaux ou de ses sels comme engrais, c'est-à-dire pour alimenter les plantes des produits calcaires qui leur sont indispensables.

La chaux, que l'on réduit en poudre en la laissant éteindre à l'air, constitue, dans bien des cas, un excellent engrais, dont l'usage est d'ailleurs très répandu. Toutefois, au point de vue spécial des mélanges d'engrais, elle présente quelques inconvénients. En premier lieu, elle ne peut pas être employée en même temps que les sels ammoniacaux, car elle les décompose et fait perdre une partie de leur azote ; en second lieu, dans le sol, elle passe rapidement à l'état de carbonate de chaux et ne peut être ensuite dissoute que par un grand excès d'acide carbonique.

Le sulfate de chaux ou plâtre, au contraire, apporte l'élément calcaire sous une forme beaucoup plus soluble et ne peut exercer aucune action nuisible sur les autres éléments des engrais. Aussi le préfère-t-on à la chaux, et l'emploie-t-on exclusivement pour introduire dans les engrais les proportions de chaux indispensables.

Il est facile de se procurer à bon compte des plâtres excellents pour l'agriculture.

Dans les terres peu calcaires, il sera souvent avantageux d'apporter de la marne ou de la chaux pour constituer à la vigne un stock considérable de cette substance.

Il ne faut jamais perdre de vue que la chaux est indispensable à la vigne, et qu'un excès de chaux ne peut lui être nuisible, comme nous l'avons vu plus haut.

Magnésie. — Il y a très souvent de la magnésie dans les chaux et dans les marnes. Les sols en contiennent généralement. Mais si elle vient à manquer, il est indispensable d'en apporter comme engrais.

On peut l'introduire sous forme de sulfate de

magnésie, en utilisant les sels des eaux mères des salines. On obtient par le traitement industriel de ces eaux-mères du sulfate de magnésie et du sulfate double de magnésie et de potasse.

Si l'on veut seulement de la magnésie, on emploiera le premier de ces sels.

On se servira du second, si on a besoin, en même temps, de magnésie et de potasse.

Potasse. — Les sels contenant de la potasse et qu'il est facile de se procurer en grande quantité, sont :

1° Le nitrate de potasse; 2° le chlorure de potassium ou muriate de potasse; 3° le sulfate de potasse; 4° le carbonate de potasse.

Tous ces sels sont solubles et, par conséquent, absorbables, mais tous ne sont pas *assimilables* au même degré et dans toutes les conditions.

Pour qu'un sel de potasse soit vraiment assimilable, il faut qu'une fois introduit dans la sève du végétal, il soit capable de s'y décomposer et de fournir alors sa potasse aux composés organiques qui en ont besoin pour se former.

Si la potasse est unie à l'acide qui la salifie par une affinité tellement puissante que le végétal ne puisse défaire la combinaison, le sel de potasse s'accumulera dans ses tissus et deviendra plus nuisible qu'utile, puisqu'il encombrera le végétal, sans pouvoir servir à son accroissement. Théoriquement, et en se fondant sur ce que la chimie nous enseigne à l'égard de la puissance des affinités, les sels de potasse devraient être classés, au point de vue de leur assimilabilité, dans l'ordre suivant :

1° Le carbonate ; 2° le nitrate ; 3° le sulfate ; 4° le chlorure.

Le *carbonate*, en effet, est, de tous, le plus facile à décomposer. Tous les acides végétaux peuvent s'emparer de la potasse qu'il contient, et chasser l'acide carbonique qui y est associé, et qui peut être lui-même utilisé par le végétal.

Le *nitrate* vient ensuite. Quoique bien plus solidement constitué que le carbonate, il est cependant encore facile à décomposer au sein du végétal, où se produisent de puissantes actions réductrices qui ne peuvent manquer de ramener l'acide nitrique à des degrés inférieurs d'oxydation, et même à l'état d'ammoniaque. Le nitrate de potasse devient ainsi doublement utile à la plante, qui est pourvue de tous les moyens nécessaires pour le détruire, et utiliser à la fois sa potasse et son azote.

Le *sulfate de potasse* et le *chlorure de potassium* ont une bien plus grande résistance à la décomposition que les deux sels précédents. Bien que ces deux derniers sels et surtout le second, soient d'une assimilabilité douteuse, lorsqu'ils sont absorbés en nature et directement par les plantes, ils peuvent néanmoins rendre d'utiles services en agriculture, à cause du prix peu élevé auquel ils livrent la potasse. Leur efficacité dépend évidemment du milieu dans lequel ils sont employés, et des autres produits qui les accompagnent dans les engrais dont ils font partie.

Il serait trop long d'énumérer toutes les réactions qui peuvent, soit par des mélanges habilement combinés, soit par l'influence même des matériaux contenus dans le sol, ramener les sulfates et chlorures de potassium à des formes plus facilement assimilables. Quoi qu'il en soit, ils produisent souvent d'excellents effets ; et il est facile de s'assurer par l'essai préalable de ces sels, sur une petite échelle, s'ils sont ou ne sont pas assimilables, dans les conditions mêmes où l'on se propose d'opérer.

En résumé, les sels de potasse sûrement assimilables dans tous les cas sont le nitrate et le carbonate. Le sulfate et le chlorure ne viennent qu'en seconde ligne, mais peuvent être rendus assimilables par une association rationnelle avec d'autres engrais, ou par les agents mêmes du sol dans lequel ils sont employés.

En troisième ligne, et bien loin derrière les précédents, viennent les roches potassées, telles que les feldspaths ; mais rien n'est plus douteux que l'assimilabilité de ces roches réduites en poudre fine ; et la prudence commande de ne pas les utiliser en grand, tant que leur emploi n'aura pas été reconnu fructueux par des essais sur de petites surfaces.

Azote. — Puisque la nécessité de fournir de l'azote à la vigne est incontestable, dans certains cas, nous devons rechercher aussi sous quelle forme il convient de le lui présenter.

Sous le soleil brûlant du Midi, la surface du sol se dessèche, et les éléments nutritifs deviennent inabsorbables, faute d'eau pour les dissoudre. Aussi, les racines tendent-elles à plonger pour aller chercher dans le sous-sol nourriture et fraîcheur. Il en résulte, tout naturellement, que les matières azotées qui descendent le plus facilement en terre, les nitrates, par exemple, doivent être préférées, partout où, pour une cause quelconque, il y a avantage à faire plonger les racines.

On a conseillé fréquemment aux vignerons de prendre soin d'enterrer les feuilles dans leurs vignes, et d'y apporter le marc de vendange. Le marc et les feuilles étant des engrais organiques d'une décomposition assez lente, et fort riches en azote, c'est là un moyen de restitution excellent dans tous les cas où la terre n'est pas suffisamment azotée. Lorsqu'elle est suffisamment riche on doit cesser cette pratique, qui aurait bientôt pour conséquence l'affolement que nous avons précédemment signalé. Ces engrais végétaux n'agissent que lentement. Aussi est-il souvent nécessaire de leur venir en aide par une petite quantité de nitrate, lorsque la vigne est souffreteuse et a besoin d'être relevée rapidement.

Le fumier de ferme, très fréquemment employé, donne de bons résultats, au moins dans les débuts ; mais il a, bien plus encore que les feuilles et le marc, le grave défaut d'apporter proportionnellement trop d'azote. Il serait bon de ne l'employer qu'à doses modérées et en lui adjoignant des engrais minéraux sans azote. Il faut le supprimer complètement partout où la végétation présente des symptômes d'exubérance.

Dans les terrains calcaires le fumier réussit mieux et à moindres doses que dans les sols siliceux ou argilo-siliceux. Cela tient évidemment à l'influence que le calcaire exerce sur la nitrification, qui, ramenant l'azote à l'état de nitrate, lui permet de descendre plus facilement dans le sol.

Ce que nous venons de dire du fumier de ferme s'applique encore, à bien plus forte raison, aux diverses matières azotées, d'origine organique, qui servent à fumer la vigne, et qui ne donnent de bons résultats que grâce aux quantités relativement énormes que l'on en emploie, vu la lenteur de leur décomposition.

Le cuir désagrégé, la laine, la corne, les poils,

la plume, ne fournissent aussi l'azote à la vigne, qu'à mesure de leur nitrification, c'est-à-dire avec une excessive lenteur. Grâce à leur faible assimilabilité, on peut impunément donner à la vigne de fortes doses d'azote. Mais si ce système est sans inconvénient pour la végétation, il n'en est pas de même pour la bourse du vigneron, qui immobilise dans ces engrais des sommes importantes, dont il pourrait trouver un emploi beaucoup plus productif.

De cette rapide revue, nous pourrons conclure que l'azote, sous la forme nitrique, convient le mieux à la vigne.

Le fumier bien consommé et amendé peut et doit rendre de bons services. Débarrassé ainsi de toute mauvaise odeur, et complété par les minéraux dont il est dépourvu, il ne peut diminuer en rien la qualité du vin. Les vidanges, au contraire, doivent être toujours rejetées à cause de leur odeur.

La végétation de la vigne sera d'ailleurs le meilleur guide pour fixer les doses d'azote à employer.

Si la végétation est exubérante, il faut complètement supprimer l'azote.

Si la végétation est normale, il faut donner la dose d'entretien, soit environ 4 grammes d'azote assimilable par pied.

Si la végétation est pénible et languissante il faut forcer la dose d'azote.

En somme, partout où la vigne présente une végétation insuffisante, on doit enterrer les feuilles et le marc s'il est possible, recourir à l'emploi du fumier de ferme si l'on en a, ou si l'on peut s'en procurer à bon compte, et, suivant la composition du sol, ajouter à ces engrais de l'acide phosphorique sous les formes que nous avons indiquées ou des sels de potasse, ou les deux en même temps. A défaut de fumier, on peut recourir à l'engrais chimique complet dont nous avons donné plus haut la composition. La valeur actuelle de cet engrais, pris en fabrique, est de 25 à 26 fr. les 100 kil., soit au maximum 27 fr. rendu sur le vignoble.

La dose d'entretien étant de 100 grammes par pied, c'est une dépense annuelle de 2 centimes 7, soit 135 fr. à l'hectare pour 5,000 pieds, ou 270 fr. pour 10,000.

Partout où la vigne manifeste une tendance à l'exubérance, les engrais azotés devant être supprimés, le seul engrais utile est l'engrais chimique sans azote, dont la valeur actuelle est de 13 à 14 fr. les 100 kil., soit au maximum 15 francs rendu sur le lieu d'emploi. A raison de 100 grammes par pied, la dépense descend alors à 1 centime 5, soit de 75 à 150 francs par hectare, suivant le nombre de pieds.

Si nous ajoutons qu'à l'aide de cette dépense on peut assurer, dans la grande majorité des cas, un produit moyen de 50 hectolitres de vin à l'hectare, dont la valeur est d'environ 1,500 francs, on comprendra qu'il reste une marge suffisante pour payer tous les travaux que la culture de la vigne réclame et pour trouver encore un bénéfice très rémunérateur, à la condition, bien entendu, que la vigne soit garantie des atteintes du phylloxera et autres maladies capables de détruire la récolte, quel que soit le système d'engrais employé.

IV

MODE D'ÉPANDAGE DES ENGRAIS CHIMIQUES

Quelle que soit la composition de l'engrais adopté, il faut le répandre sur le sol pour le faire parvenir aux racines de la vigne qui doivent l'absorber.

Or, la partie absorbante des racines étant le chevelu, il est évident que l'efficacité de l'engrais sera d'autant plus grande qu'il aura été placé plus près des extrémités radiculaires, qui portent le dit chevelu. Mais il n'est toutefois pas inutile d'en placer aussi le long des branches radiculaires, car la présence de l'engrais y détermine souvent la pousse de racines nouvelles, qui augmentent la puissance d'absorption du végétal.

Il suit de là, que, dans les vignes plantées en garenne, il faut répandre l'engrais à la surface du sol, uniformément, comme s'il s'agissait d'une semence de blé, et l'enterrer ensuite par un labour, soit à la main, soit à la charrue, d'autant plus profond que les racines sont plus profondes. Si elles sont superficielles, comme en Champagne, un simple grattage au moyen du griffon ou de la binette est suffisant. Si elles sont profondes, comme dans certains sols du Midi, il faut un véritable labour.

Si les vignes sont plantées en lignes espacées avec cultures intercalaires, il faut répandre les engrais qui leur sont destinés sur une bande de 60 à 80 centimètres de chaque côté de la ligne et labourer ensuite la bande ainsi saupoudrée d'engrais.

L'époque de l'épandage n'est pas indifférente.

Dans les vignes à racines superficielles, on peut faire cette opération à la sortie de l'hiver, et profiter, pour cela, de la façon qui se donne généralement à cette époque.

Dans les vignes à racines profondes, il faut les répandre et les enterrer avant l'hiver, afin que les pluies et les neiges de la mauvaise saison soient utilisées à les dissoudre et à les faire pénétrer jusqu'au chevelu.

Si, dans ces sortes de vignes, les engrais ne sont répandus qu'au printemps, ils ne servent, le plus souvent, qu'à favoriser la croissance de l'herbe et aucunement à améliorer la végétation de la vigne.

Partout, d'ailleurs, où l'on emploie les engrais chimiques et surtout les engrais azotés, il faut se tenir en garde contre l'envahissement de l'herbe qui s'empare des engrais à son profit et les empêche de produire l'effet sur lequel on est en droit de compter. Il est donc indispensable de multiplier suffisamment les façons pour que la terre reste propre. Il faut surtout avoir soin de ne jamais laisser grainer les plantes parasites. Sans cette précaution, elles se ressèment, et la main-d'œuvre nécessaire pour leur destruction devient de plus en plus dispendieuse.

Pour diminuer les frais d'épandage des engrais, beaucoup de praticiens ont adopté le système de n'en donner tous les ans qu'à une partie, la moitié ou le tiers de leur vignoble.

La même partie n'en reçoit ainsi que tous les deux ou trois ans. Il est bien entendu que les doses sont alors doublées ou triplées.

Nous ne croyons pas que cette pratique soit à recommander, surtout pour les engrais qui contiennent de l'azote. Il arrive souvent, en effet, en procédant ainsi, que la dose d'azote est excessive l'année où l'engrais est appliqué et insuffisante l'année ou les deux années suivantes. Il en résulte que la récolte est toujours inférieure à ce que l'on devrait obtenir avec les dépenses faites. Il vaut infiniment mieux faire une application chaque année et maintenir ainsi le sol en bon état d'engrais, d'une façon parfaitement régulière.

Il est aussi beaucoup plus facile, dans le système de l'épandage annuel, d'interpréter les résultats obtenus et de régler le dosage des engrais d'après la puissance de la végétation.

Le système d'application que nous venons de décrire est-il le meilleur que l'on puisse employer? N'est-il pas susceptible de recevoir des perfectionnements importants?

Ne serait-il pas plus avantageux, par exemple, de répandre les engrais dans la terre même occupée par les racines, à l'état de dissolution dans l'eau, au moyen d'un pal injecteur, comme on le fait pour le sulfure de carbone employé contre le phylloxera? Ne pourrait-on pas arriver à les faire pénétrer dans le sol au moyen de tubes de drainage placés, une fois pour toutes, de chaque côté des lignes de ceps?

Ce sont là des questions qui réclament des études expérimentales nouvelles et sur lesquelles nous ne pouvons encore qu'appeler l'attention des esprits entreprenants et novateurs.

Pour entrer dans cette voie, il faudrait des engrais entièrement solubles dans l'eau. Lorsqu'ils seront demandés, l'industrie se mettra en mesure de les produire, et nous pouvons compter que ce n'est pas de son côté que se rencontreront les obstacles au progrès de cette importante question.

IMPRIMERIE CENTRALE DES CHEMINS DE FER. — IMPRIMERIE CHAIX, RUE BERGÈRE, 20, PARIS. — 5001-5.

www.ingramcontent.com/pod-product-compliance
Lightning Source LLC
LaVergne TN
LVHW012008160826
845678LV00002B/725
* 9 7 8 2 3 2 9 6 7 4 2 3 0 *